I0075302

T b 99
90

CONTRIBUTION NOUVELLE

A L'ÉTUDE DES LOIS QUI RÉGISSENT

LA

LA DIGESTION

INTESTINALE ET GASTRIQUE

PAR

LUCIEN CORVISART.

La clinique est en révolte si elle n'est
l'esclave de la physiologie.   C.

PARIS

LIBRAIRIE VICTOR MASSON,

PLACE DE L'ÉCOLE-DE-MÉDECINE.

—

1859

(cachet : BIBLIOTHÈQUE IMPÉRIALE)

CONTRIBUTION NOUVELLE

A L'ÉTUDE DES LOIS QUI RÉGISSENT

LA DIGESTION

INTESTINALE ET GASTRIQUE.

1859

Paris. — Imprimerie Félix MALTESTE et Cie, rue des Deux-Portes-Saint-Sauveur, 22.

CONTRIBUTION

A

L'ÉTUDE DES FONCTIONS DU PANCRÉAS.

———

I

EXAMEN DE DEUX OBJECTIONS. *A :* C'EST A LA CINQUIÈME HEURE DU REPAS QU'IL FAUT PRENDRE LE PANCRÉAS POUR Y SAISIR TOUTE L'ÉNERGIE DIGESTIVE. *B :* LA RÉACTION DU MILIEU EST INDIFFÉRENTE POUR QUE LA DIGESTION PANCRÉATIQUE S'EFFECTUE.

J'ai publié, en 1857 et 1858, sur quelques-unes des questions importantes de la physiologie du canal intestinal, un mémoire (1) tendant à établir trois choses en somme :

1º Quelques lois qui président à l'accomplissement intégral de la digestion gastrique, et *celles toutes différentes* qui régissent celui de la digestion intestinale.

2º Des faits qui prouvent qu'il y a une loi de *coordination*, et non pas seulement de succession, pour les deux digestions entre elles, coordination complexe, sur laquelle je m'étendrai, ailleurs, plus au long, à peine soupçonnée jusqu'à ce jour, et dont l'ignorance est, peut-être, la principale cause des ténèbres profondes dans lesquelles se trouvent plongés les praticiens relativement aux dyspepsies dans la plus large acception du mot.

---

(1) *Sur une fonction peu connue du pancréas ; la digestion des aliments azotés.* In-8º, 124 pages. Paris, Victor Masson, libraire.

3° Enfin et spécialement l'action digestive *énergique, propre, primitive* (1) et à ce titre entièrement méconnue du pancréas sur toute la classe des aliments azotés.

En Allemagne, où l'enseignement et la presse scientifiques sont si admirablement agencés pour l'indépendance et les progrès de la science sous toutes les impulsions individuelles, ces recherches ont été soumises, aussitôt, à la CRITIQUE EXPÉRIMENTALE.

Les vifs encouragements (professeur O. Funke dans *Schmidt's Jahrbücher*, 1858, janv. n° 1, p. 21 à 25), les dénégations absolues (*Nachrichten Gœttingen*, 14 août 1858 ; Keferstein et Hallwachs) ; les confirmations formelles (prof. G. Meissner, *Verdauung der eiwesk.* dans *Zeitschrif f. ration. med.* de Henle et Pfeuffer, dritte R bd. VII, 1859) qui ont accueilli successivement ce mémoire, me font un devoir d'apporter à la question une nouvelle contribution.

J'ai à regretter qu'en France il n'ait été combattu que par le silence.

Avant d'entrer en matière, je dois rappeler ici que l'action du suc pancréatique sur les aliments albuminoïdes avait été affirmée en 1836 par Purkinje et Pappenheim, et presque aussitôt niée et condamnée.

On savait que la somme totale des aliments azotés ne pouvait pas se digérer dans l'estomac seul ; Bidder et Schmidt, Lehman, etc., avaient scientifiquement posé la supposition, faite déjà depuis des siècles par le bon sens vulgaire, que la digestion devait se continuer dans l'intestin.

Après la dénégation rapide dont j'ai parlé, on retomba, donc, dans cette opinion vague et indécise, à savoir : que si les aliments

(1) Je dis PROPRE, par ce qu'elle est inhérente au suc propre de la glande ; PRIMITIVE, parce qu'elle existe dans le suc pancréatique, primitivement, avant toute adjonction de la bile, du suc intestinal ou du suc gastrique.

continuent à se digérer dans l'intestin, cela est dû au mélange
des différents sucs qui y sont versés; les uns admettant l'opinion
la plus erronée, à savoir : que c'est le suc gastrique qui continue
à y digérer les aliments; les autres pensant que ces derniers s'y
liquéfient plutôt par l'action du suc pancréatique et de la bile
réunis (Bérard) (1); d'autres déclarant hautement que, par le
mélange de ces deux sucs, formant un liquide mixte, il se déve-
loppe une propriété digestive nouvelle. « C'est un liquide intestinal nouveau. » (Cl. Bernard, *Leçons de physiol.*, t. II, p. 442,
ligne 27, 1856.) « Le mélange de la bile avec le suc pancréatique
produit un liquide mixte à propriétés particulières. » *Ib.*, p. 442,
ligne 4. « L'action que le suc pancréatique exerce sur les matières azotées *ne paraît pas être une action qui lui soit propre.* »
Cl. Bernard, *Ib.*, p. 441, ligne 30.)

Mais on pouvait, à propos des premières comme des dernières
suppositions, quelque affirmatives quelles aient été, répéter ce que
disait Spallanzani : « Je n'ai rien trouvé de plus commun que les
» raisonnements sur la digestion. Mais qu'il me soit permis de le
» dire, on a plus cherché à deviner la manière dont la digestion
» s'opère que cherché à la découvrir (2). »

En effet, toutes ces assertions ont été produites sans qu'on
puisse trouver aucun fait grave et formel à l'appui, ni aucune
série d'expériences précises qui les justifient.

Mon mémoire, en conséquence, eut pour but de procéder, pour
les aliments albuminoïdes, par une série de digestions naturelles
et artificielles.

Celles-ci me montrèrent d'une manière extrèmement claire,
qu'il fallait abandonner toutes ces suppositions et reconnaître que
le suc pancréatique, avant tout mélange avec les sucs intestinaux,

---

(1) *Cours de physiologie*, t. II, p. 439, ligne 3, 1850.
(2) OEuvres de l'abbé Spallanzani, trad. de Senneb. Pavie, 1787, t. II, conn.

gastriques, biliaires, a une propriété toute primitive, toute énergique ; si primitive qu'on peut la déceler par l'infusion de la glande ; si nette, qu'il m'a été permis de fixer quelques chiffres relatifs à la somme d'aliments albuminoïdes qui pouvaient être digérés soit par le duodénum ou le pancréas, soit par l'estomac, simultanément ; repoussant, par ce dernier point, cette étrange opinion sur laquelle il y aura lieu de revenir, et par laquelle l'action digestive de l'estomac doit être reléguée parmi les erreurs des âges !

Ces expériences me montrèrent encore que les aliments cuits ou *crûs* qui ont échappé à l'estomac tombent sous l'action digestive du pancréas et cela d'une manière si évidente qu'ils peuvent être digérés, alors même que, par artifice, ils n'ont pas touché l'estomac ; que le pancréas est l'organe supplémentaire de ce dernier, si bien qu'il transforme en albuminose ou peptone toute la série des corps albuminoïdes, comme l'estomac même,... mais je renvoie au travail en question.

A

A peine M. O. Funke avait-il dit qu'il faudrait de nombreuses expériences pour renverser mon mémoire que MM. Keferstein et Hallwachs affirmèrent que ce que j'avais vu était absolument faux, terminant par cette conclusion leur écrit adressé à l'Académie des sciences de Gœttingue : « Nous contredisons absolument les vues de M. Corvisart, le suc pancréatique ne dissout pas l'albumine coagulée. »

Ainsi, devant mon affirmation que *toutes* les substances azotées peuvent être digérées par l'action isolée du pancréas, celle qui est relative à l'albumine se trouvait seule attaquée.

Cependant, quelques mois après, M. Meissner déclarait, d'après ses recherches de contrôle, que ce que j'avais dit était parfaitement vrai, que non seulement le pancréas, par une action particulière à sa sécrétion, dissout l'albumine, mais encore qu'il la transforme en peptone.

Je ne m'occuperai ici que de la dénégation.

Mes expériences, qui sont nombreuses, n'ayant reçu leurs conclusions de ma part qu'après mûre vérification, j'étais embarrassé, car, à qui disait *non*, je n'avais guère qu'à *répéter* oui; je me déterminai, toutefois, à offrir à l'Académie des sciences de Gœttingue mon mémoire incriminé et à la prier d'accepter, comme ma réponse, le récit de la seule expérience suivante et dont voici les termes (1).

« Un chien griffon, du poids d'environ 12 kilos, jeune, à jeun
» depuis quinze heures, n'ayant pas bu, reçut dans le *duodénum*
» 34 grammes d'albumine d'œufs durcis par une ébullition pro-
» longée un quart d'heure dans l'eau, puis séparés des coquilles
» et du jaune, et pilés grossièrement dans un linge. Le commen-
» cement et la fin du duodénum furent liés.

» (20 grammes de la même albumine furent mis dans l'es-
» tomac pour avoir une digestion simultanée; tout passage au
» dehors étant empêché par la ligature du commencement du
» duodénum et une autre établie à la région cervicale de l'œso-
» phage).

» Dans cette opération, le pancréas ne fut ni touché, ni même
» aperçu; on se servit des tubes pour introduire d'un coup l'ali-
» ment dans l'intestin, puis dans l'estomac et les précautions
» indiquées page 9 de mon mémoire, et qui toutes me semblent
» nécessaires au succès de l'opération, furent scrupuleusement
» suivies. Quinze heures après, l'animal fut tué par strangula-
» tion. Le duodénum était gonflé, rouge, injecté; sorti du ventre
» et vidé, il présenta 150 grammes d'un liquide neutre ou bien

(1) V. *Nachr. Gœtting.*, n° 6, mars 1859, rapport par le professeur Wagner; *Zeitschrift für rat. med.*, 1859; et *The Lancet*, juin 1859.

» faiblèment voisin de l'alcalinité, sans aucune odeur de putré-
» faction, visqueux.

» L'intestin ne renfermait plus *aucune trace* des 34 grammes
» d'albumine coagulée mis primitivement, sauf cinq ou six frag-
» ments mous et ténus d'albumine encore reconnaissable, ne
» s'élevant pas à 4 grammes.

» À *D'où il suit que, tout au moins, le liquide mixte du duo-*
» *dénum digère l'albumine.*

» (L'estomac renfermait 250 grammes d'un liquide acide, au
» milieu duquel l'albumine solide avait également disparu par
» dissolution digestive.)

» La glande pancréatique du même chien, prise par le fait en
» pleine période digestive gastrique et duodénale, fut visitée, elle
» était d'un blanc rosé, sans trace de déchirure ni d'ecchymose,
» elle fut enlevée, découpée finement, mise dans 200 grammes
» d'eau, maintenue vingt-quatre heures dans un bocal fermé à
» une température qui varia entre 7 et 12 degrés th. cent. Je fil-
» trai alors et je recueillis 180 grammes d'un liquide rougeâtre,
» visqueux, qui ne révélait à un papier de tournesol, soit rouge,
» soit bleu et très sensible, ni une acidité, ni une alcalinité pro-
» noncée.

» Cette infusion de pancréas fut essayée en digestion artifi-
» cielle sur de l'albumine d'œuf cuit comme précédemment et
» pilé.

» Après quatre heures de séjour à l'étuve maintenue à 40° th.
» cent. La quantité de l'albumine solide *disparue*, transformée
» en peptone, s'éleva à 45 grammes de l'albumine primitive-
» ment employée.

» B *D'où la conclusion encore plus précise que l'albumine*
» *coagulée peut être en grande quantité digérée par l'infusion*

» *du* pancréas seul, *par une action à lui propre, et sans aucune*
» *intervention des sucs intestinaux ou de la bile,* etc.

» Sur quelques grammes de l'infusion, j'ai constaté un pou-
» voir digestif sur la fibrine fraîche, non cuite, qui, calculé
» proportionnellement, s'élèverait à la digestion de 60 grammes
» de fibrine par l'infusion entière d'un pancréas.

» Ces digestions avec l'infusion du pancréas, comme la vivisec-
» tion elle-même, furent faites en présence de MM. les docteurs
» Kühne, élève de M. Wœhler et Wagner, et Snellen, d'Utrecht,
» élève de M. Donders, présents alors à Paris. »

Telle est ma réponse *de fait*, je ne crois point qu'il y ait pré-
somption de ma part à la dire claire.

La réponse relative *aux principes* qui ont guidé MM. Keferstein et Hallwachs, est aussi nette, et préservera peut-être les
expérimentateurs de vaines recherches.

Ces messieurs avaient déclaré que leurs expériences étaient
les plus précises qui aient été faites, mais ils se sont fait illusion,
car leur précision n'a commencé qu'à l'étuve, or il importait
surtout de l'appliquer dans le ventre même des animaux dont ils
voulaient examiner la fonction.

Ces messieurs, en effet, ont agi irrationnellement : 1° en pre-
nant le suc pancréatique d'un animal pourvu *déjà malheureuse-*
ment depuis huit jours d'une fistule ; 2° en faisant des infusions
de pancréas non choisis à une époque *précise et rationnelle* de la
digestion.

1° J'avais prévenu, dans mon mémoire, que les tubes opposés
au canal excréteur, c'est-à-dire les fistules pancréatiques, donne-
raient des résultats tellement variables, qu'il serait « impossible
avec elles de poursuivre une recherche. »

MM. Keferstein et Hallwachs, croyant dogmatiquement à quel-

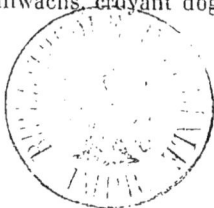

que légèreté de ma part, ont persisté à faire une première série d'expériences par ce procédé, elles ont été négatives.

Par un excès mal entendu de prudence expérimentale, ils se sont mis, en outre, dans les plus mauvaises conditions, et cela en préférant pour le recueillir et en faire l'essai, le suc pancréatique sécrété après huit jours de l'irritation sans trève apportée par le tube, au suc sécrété *aussitôt* après l'opération.

Il est évident, en effet, que le suc pancréatique recueilli presque au moment de l'opération est le seul voisin de l'état normal, la première quantité qui s'écoule étant *celle qui se trouvait déjà physiologiquement formée dans la glande avant l'opération*, comment ne pas voir que c'est celle-ci qu'il faut s'empresser de recueillir ?

Plus on attend ensuite, plus la sécrétion pancréatique s'éloigne du type physiologique. Chaque organe, en effet, a sa sensibilité spéciale, l'œil ne s'accommode point d'un gravier comme s'en accommode la bouche, le pancréas ne s'accoutume nullement des fistules à la manière de l'estomac, lequel est fait à la présence des corps étrangers.

Cette différence est si palpable que d'une part, les fistules pancréatiques, au lieu de pouvoir persister des années, comme celles de l'estomac, tombent fatalement au bout de quelques jours ou de quelques semaines, et que dans le cas de fistule pancréatique, à partir du deuxième ou troisième jour au plus tard, la puissance du suc commence à s'altérer profondément ; cela ayant lieu soit par le fait d'une diminution dans le poids des matériaux solides, soit seulement par le fait d'une altération dans les propriétés des ferments sécrétés, sans diminution de poids.

Au huitième jour, l'affaiblissement est à son apogée ; à cette époque, le suc pancréatique est dans l'état où il est quand on l'a fait bouillir, il a perdu tout pouvoir sur les substances albuminoïdes, quoiqu'il puisse encore émulsionner les graisses et donner une réaction alcaline.

C'est ainsi que la manière de procéder de MM. Keferstein et Hallwachs par les fistules donnera toujours des résultats négatifs.

Il est de fait que, pour avoir le suc pancréatique le plus normal possible, il faut prendre celui qui a été formé dans la glande avant l'opération : *c'est dans cette condition remplie que réside la supériorité du procédé par infusion* d'un pancréas pris à un animal qui vient d'être tué à l'instant même.

2° C'est ce procédé de l'infusion qui a fourni la deuxième série d'expériences de MM. Keferstein et Hallvachs.

Mais ici, encore, ils ont agi d'après une grande erreur.

Il ne suffit point, en effet, de prendre un organe sécréteur aussitôt après la mort pour y saisir la sécrétion ; n'est-il point évident qu'*il faut saisir la glande, de préférence, au moment de toute son activité sécrétoire ?*

C'est ce que n'ont pas fait ces messieurs. Cette nouvelle faute les a confirmés dans leurs résultats négatifs.

Il en aurait été autrement s'ils avaient, comme je le conseillais, répété mes expériences exactement comme je les avais exécutées. Celles que j'ai rapportées dans mon mémoire étaient faites, en effet, avec des infusions de pancréas pris à des animaux dont le duodénum et l'estomac étaient pleins d'aliments au moment du sacrifice.

M. Meissner a déclaré nettement qu'il a obtenu des infusions actives en ayant soin de prendre le pancréas à des animaux en digestion (1858).

C'est un précepte formel.

J'ajoute : Si l'on donne un repas mixte et abondant à un chien jeune et bien portant, qu'on tue l'animal *vers la cinquième ou sixième heure de ce repas,* qu'on enlève aussitôt le pancréas,

l'infusion de la glande fournira le summum de l'activité digestive (1).

Lorsque l'estomac vient de recevoir des aliments, le pancréas
peut bien laisser écouler quelque liquide, mais le moment réel de
l'activité glandulaire et *de la force efficiente du suc pancréatique*, est bien postérieur à l'ingestion des aliments, il correspond
exactement au moment où l'estomac ayant épuisé son action, le
duodénum commence à intervenir.

Chez le chien, c'est vers la cinquième ou sixième heure; à
cette époque, l'estomac contient *encore* des aliments, le duodénum en contient *déjà*.

Si l'on vient avant, le duodénum est encore à l'état à jeun et
le pancréas impuissant; si l'on vient après, le pancréas est épuisé.

Ainsi que Montègre était arrivé à nier obstinément l'action
digestive du suc gastrique, et jusqu'à son acidité, parce qu'il exa-
minait ce suc à l'état de jeûne, de même **MM.** Keferstein et Hallwachs ont été conduits à nier l'action digestive du suc pancréatique sur l'albumine, pour avoir considéré comme indifférents les
états de plénitude ou de jeûne, et de plus pour n'avoir pas saisi
qu'il y a, en outre, un moment d'état à jeun pour le duodénum
qui n'est point celui de l'estomac, comme celui de l'estomac
n'est point celui de la bouche, l'arrivée des aliments étant succes-
sive.

Leur bonne foi est d'ailleurs entièrement hors de cause; qui
fera comme eux, verra comme eux, négativement (2).

(1) A cette époque de la digestion le suc pancréatique a une telle énergie, que
si l'on néglige d'arrêter à temps l'infusion de la glande, celle-ci, si elle est
découpée finement, disparaît en partie dissoute et digérée par son propre suc,
alors librement sorti des canaux où il est normalement emprisonné pendant
la vie!

L'infusion faite dans ces conditions peut souvent digérer 20 ou 30 grammes
de fibrine en quelques heures et à *froid* (10 th. c.).

(2) J'ajouterai qu'il faut éviter, lorsque pour l'étude, on prépare une infusion

B

Travaux de M. Meissner sur le pancréas. — Après MM. Keferstein et Hallwachs, M. le professeur Meissner a publié dans le *Zeitschrift für rational. mediz.*, avril 1859 (après les avoir lues dès l'automne de 1858 au Congrès scientifique de Carlsruhe), des expériences qui l'ont conduit à affirmer énergiquement non seulement la dissolution des corps albuminoïdes, en dehors de toute putréfaction, par le pancréas, mais leur transformation en peptone, telles que je les avais annoncées. M. Meissner dit : « Mes résultats sont une confirmation complète de ceux de M. Corvisart, *seulement avec cette restriction qu'il faut que le suc pancréatique soit acide*, et non indifféremment neutre ou alcalin ou acide. »

M. Meissner est un expérimentateur habile et bien connu, sa dénégation est loin d'être indifférente.

J'ai, en effet, écrit sous la neuvième proposition : « Le suc pancréatique jouit *du grand privilége* d'agir également bien à l'état alcalin, neutre ou acide. »

Je renvoie d'abord aux pages 8, 19, 32, 33 de mon mémoire, dans lesquelles se trouve la relation de digestions d'albumine ten-

---

de pancréas, de piler la glande ou de l'agiter trop fréquemment avec violence dans l'eau, ou de prolonger l'infusion au delà du moment où la liqueur *devient trouble*. Dans tous ces cas on reconnaît, à ce dernier signe, que le suc commence à agir sur les matières grasses de la glande elle-même ; plus tard il aurait déjà agi sur la substance azotée ; or, de même que le suc gastrique, le suc pancréatique en agissant *s'épuise* ; pris en cet état il ne montrerait plus à l'expérimentateur aucune action digestive.

En général, une infusion qui filtre obstinément trouble est en partie épuisée. A moins d'agir à une température très basse (7 à 8 degrés th. centig.), la rapidité est la règle dans la préparation d'une infusion de pancréas comme des essais digestifs ; il faut d'un côté suivre ceux-ci de quart d'heure en quart d'heure, car le suc pancréatique est très vite altérable, et, à cause de cela, il faut d'un autre côté les arrêter avant qu'il puisse y avoir aucun doute sur la cause de la liquéfaction des aliments.

tées soit naturellement dans le duodénum, soit à l'étuve avec du suc pancréatique, et effectuées avec une grande efficacité, *la réaction étant dûment constatée neutre ou même alcaline;* faisant remarquer que j'ai été conduit à affirmer cette *indifférence* non pas seulement parce que j'avais cru l'avoir constatée pour l'albumine, mais parce que mes expériences digestives répétées sur la fibrine (p. 36, 40, 42) sur le tissu cellulaire et la gélatine (p. 67, 78), sur la musculine, la caséine (p. 92, 98), me conduisirent toutes au même résultat. Or, il ne s'agissait pas, dans ces essais comparatifs, de quantités impondérables, difficiles à apprécier, mais de 20, 30 ou 40 grammes de ces divers aliments azotés, dont la digestion s'effectuait sous l'influence de l'infusion alcaline, acide ou neutre d'un pancréas.

Mais l'objection de M. Meissner m'a fait de nouveau examiner si les mots « *également bien* » de cette neuvième proposition étaient réellement rigoureux.

J'ai consulté le registre des expériences, j'ai comparé les chiffres exprimant le poids d'albumine digérée par un même suc pancréatique (mais varié de telle sorte que l'un fût neutre, l'autre alcalin, l'autre acide), j'ai remarqué qu'il y a bien des oscillations, mais seulement de quelques grammes, et telles qu'il me serait impossible aujourd'hui même, après de nouvelles expériences, de dire si, sur 40 grammes d'albumine, l'acidité ou l'alcalinité du suc pancréatique fait digérer 4 grammes de plus.

La même indifférence de la réaction s'est encore montrée quand je mettais dans le duodénum fermé des aliments à digérer ; la réaction au moment du sacrifice étant constatée tantôt acide, tantôt neutre, tantôt alcaline, le poids de l'aliment digéré varia peu. Il ne diminuait nullement d'une manière énergique lorsque la réaction était soit alcaline, soit neutre.

En terminant, je dirai que lors de l'expérience dont le procès-verbal a été rappelé. l'attention de MM. Kühne, Snellen et la mienne se portèrent très spécialement sur ce point de divergence, et qu'on peut lire :

Pour le duodénum : « Le duodénum présenta 150 grammes d'un liquide *neutre ou bien faiblement voisin de l'alcalinité,* sans aucune odeur de putréfaction, visqueux... sans plus aucune autre trace des 34 grammes d'albumine coagulée primitivement mise, que cinq à six fragments mous et ténus encore reconnaissables, mais ne s'élevant pas à 4 grammes. »

Pour l'infusion du pancréas : « Après quatre heures de séjour à l'étuve, la quantité de l'albumine solide disparue s'éleva à 45 grammes de l'albumine primitivement employée. Or, même avant l'adjonction de l'albumine il est dit : « le liquide d'infusion ne révélait à un papier de tournesol soit rouge, soit bleu et très sensible, ni une acidité, ni une alcalinité prononcées. »

Je crois devoir, en conséquence, rester dans mes conclusions, et dire : en quelque état, alcalins, acides ou neutres, que se présentent dans le duodénum les aliments échappés à l'estomac, le pancréas peut agir.

Je m'occuperai dans la suite de ce travail de développer d'autres points qui n'ont été que touchés dans mon premier mémoire, et d'abord du point suivant : en quel état se trouve l'activité efficiente du suc pancréatique dans les heures qui précèdent et les premières qui suivent le repas? Quel est l'agent effectif de la sécrétion du ferment pancréatique ; quel est, sous ce rapport, le rôle des actions sympathiques et celui de la digestion gastrique?

Je ne saurais, toutefois, m'arrêter sans appeler de tous mes vœux le jour où il existera en France comme en Allemagne de vastes laboratoires physiologiques, pépinières d'activités individuelles. appelés à fournir à nos feuilles périodiques les apprécia tions graves et profitables qui procèdent de l'expérience, et non une critique ou trop craintive ou trop frivole.

Pour ne citer qu'un point de la science, n'est-il pas déplorable que cette partie de la physiologie de la digestion ne compte pas en France plus de trois ou quatre juges compétents tout d'abord par expérience, et qu'il n'existe point dans la totalité de notre pays deux laboratoires physiologiques ouverts non à l'activité absorbante du maître, mais à toutes les indépendances individuelles ?

Quels progrès notre pays ainsi doté ne serait-il point alors à même d'accomplir !

Ne sent-on pas mûrir, pour la médecine, les fruits de la physiologie positive de la digestion ?

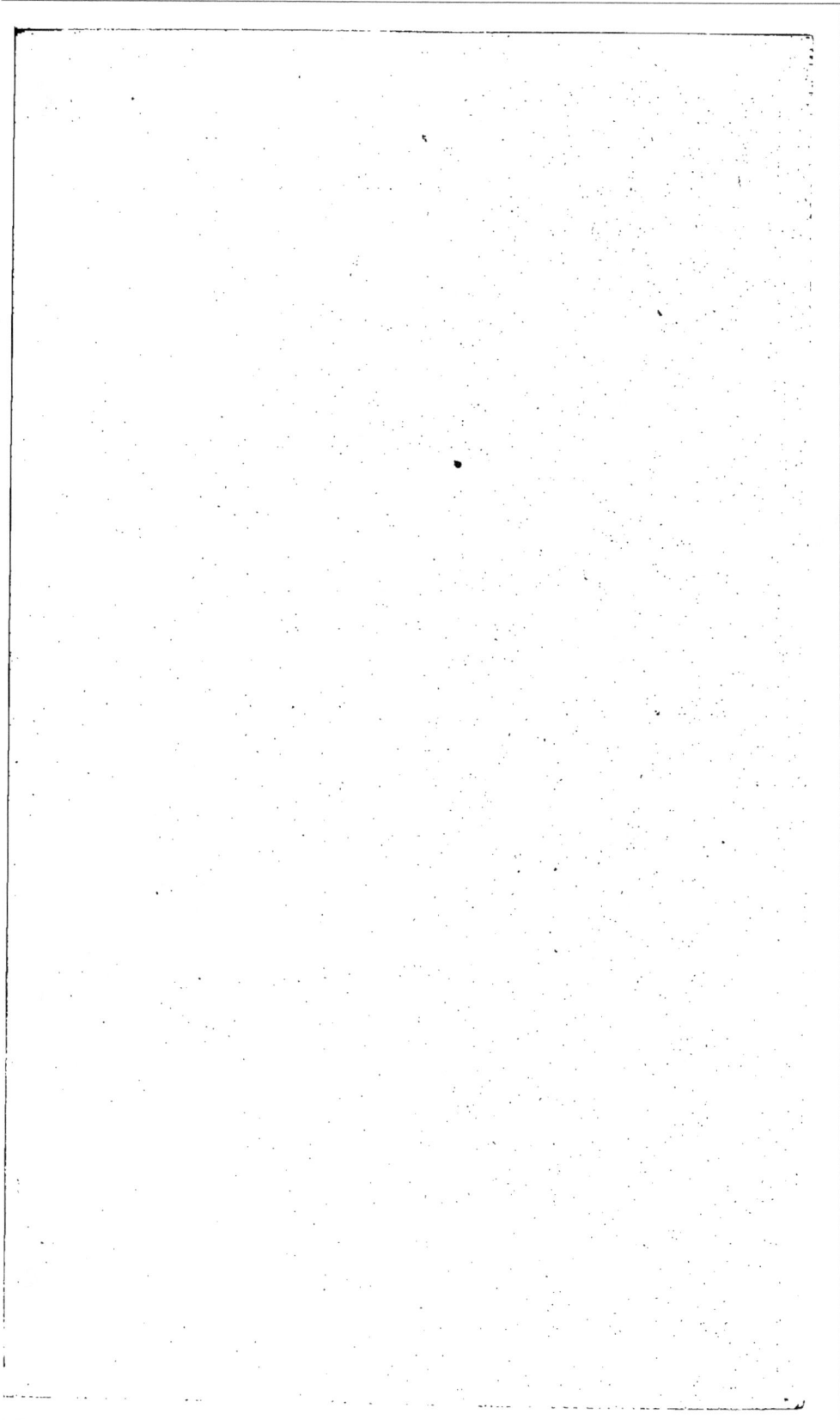

Publications du même auteur.

—

RHUMATISME ARTICULAIRE AIGU (HÉMORRHAGIES CAPILLAIRES ET MICROSCOPIQUES DANS CETTE AFFECTION). — Dans le *Bulletin de la Société anatomique de Paris*, 1848.

STRABISME DROIT OU DIRECT. — Dans les *Archives générales de médecine*, 4e série, t. XXI, 1849.

VÉSICULES CLOSES, probablement glandulaires, du péricarde. — Dans le *Bulletin de la Société anatomique de Paris*, 1852.

RECHERCHES SUR LA DIGESTION DE L'ALBUMINE D'ŒUF. — Dans les *Comptes-rendus de l'Académie des sciences*, 1852.

TÉTANIE, OU CONTRACTURE DES EXTRÉMITÉS. Thèse, Paris, 1852.

SPERMATORRHÉE (EMPLOI DE LA DIGITALE CONTRE LES PERTES SÉMINALES INVOLONTAIRES). — Dans le *Bulletin de thérapeutique*, 1853.

ÉTUDES SUR LES ALIMENTS ET LES NUTRIMENTS, 1854. Chez Labé, libraire. Paris.

DE LA DYSPEPSIE ET DE LA CONSOMPTION, ET DE L'EMPLOI DE LA PEPSINE EN THÉRAPEUTIQUE, 1854. Chez Labé, libraire. Paris.

SUR UNE FONCTION PEU CONNUE DU PANCRÉAS : LA DIGESTION DES ALIMENTS AZOTÉS. Expériences parallèles sur la digestion gastrique et intestinale. — Inductions cliniques. — 1857-1858. Chez Victor Masson, libraire. Paris.

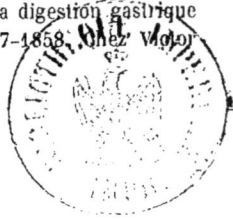

Typographie FÉLIX MALTESTE ET Cᵉ, rue des Deux-Portes-St-Sauveur, 22.

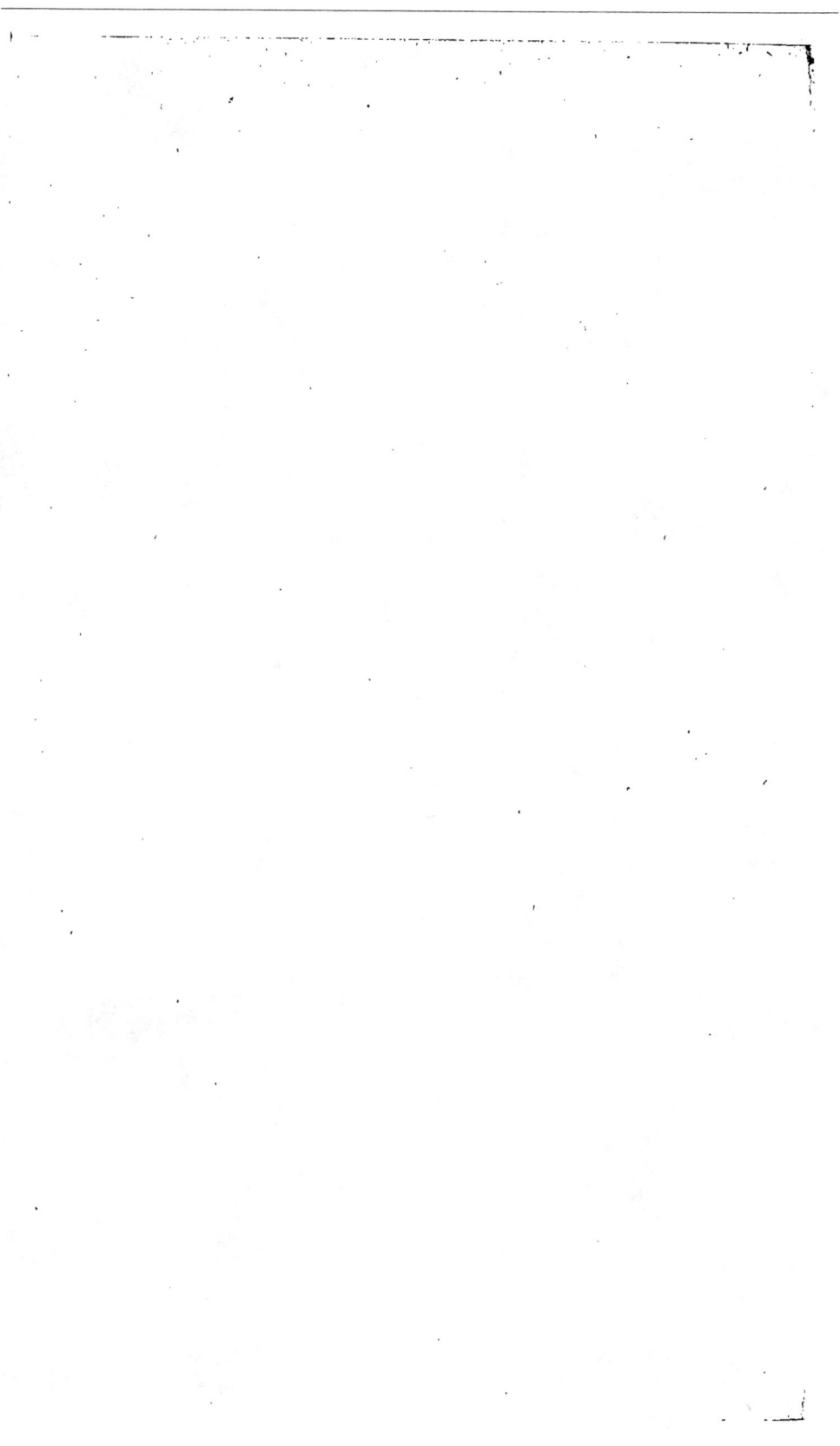

BIBLIOTHEQUE NATIONALE DE FRANCE

3 7531 03287840 2

www.ingramcontent.com/pod-product-compliance
Lightning Source LLC
Chambersburg PA
CBHW060518200326
41520CB00017B/5088